선인장 인테리어

옮긴이 **장길순**

동덕여자대학교 국사학과를 졸업하고 수년간 취미와 실용 분야의 잡지사 기자로 활동했다.
현재 컴퓨터 · 비즈니스 · IT · 게임 분야의 프리랜서 번역가로 활동 중이다.
번역서로는『장 건강법』『똑똑한 여우들의 뷰티운동』『사쿠라 Bump』『렌』등이 있다.

선인장 인테리어

지은이 하가네 나오유키
옮긴이 장길순
펴낸이 안용백
펴낸곳 (주)도서출판 넥서스

초판 1쇄 발행 2007년 2월 25일
2판 1쇄 인쇄 2010년 3월 25일
2판 1쇄 발행 2010년 3월 30일

출판신고 2005년 6월 23일 제313-2005-00135호
121-840 서울시 마포구 서교동 394-2
Tel (02)330-5500 Fax (02)330-5555
ISBN 978-89-6000-743-7 13590

저자와 출판사의 허락 없이 내용의 일부를
인용하거나 발췌하는 것을 금합니다.

가격은 뒤표지에 있습니다.
잘못 만들어진 책은 바꾸어드립니다.

* 본 책은『집안 구석구석 스타일이 살아나는 선인장 인테리어』의 개정판입니다.

www.nexusbook.com
넥서스BOOKS는 (주)도서출판 넥서스의 실용 전문 브랜드입니다.

선인장 인테리어

하가네 나오유키 지음 | 장길순 옮김

넥서스BOOKS

당신의 선인장은 행복합니까?

어느 날, 눈에 들어온 꽃 가게에서 당신의 방으로 이사 온 귀여운 선인장 화분. 조금이라도 기운 없어 보이면 걱정이겠죠?

선인장은 쉽게 말라죽기 않는 매우 적응력이 강한 식물입니다. 수분이 적고 건조한 지역에서 살아남아 새로운 스타일로 진화한 식물이 바로 선인장입니다. 먼저 뿌리가 잘 내린 건강한 선인장을 고른 다음 그 선인장의 특징에 맞춰 정성껏 관리해보세요. 그러면 선인장은 매일 미소를 선사할 것입니다. 이 책의 콘셉트는 선인장의 개성을 살린 멋진 인테리어를 즐기는 것입니다. 세련되면서도 편안한 선인장 스타일로 집안 분위기를 바꿔보세요. 가장 편하게 꾸미고 키울 수 있는 선인장으로 센스 만점의 색다른 느낌을 줄 수 있을 것입니다.

하가네 나오유키

p.03 : 수포(袖浦, Eriocereus jusbertii) 가시의 클로즈업
p.04 : 금황환(金晃丸, Eriocactus leninghausii)
p.06 : 목단옥(牧丹玉, Gymnocalycium mihanovichii var. friedrichii)

선인장과 다육식물_

● 이 책은 선인장과의 식물과 그 외의 다육식물을 다루고 있지만, 편의상 이들을 '선인장'이라고 통칭한다.

● 두꺼운 잎이나 가지에 수분을 많이 함유한 식물을 '다육식물'이라고 하며, 백합과(Liliaceae)나 돌나물과(Crassulaceae) 등 약 50과의 식물군이 다육식물에 속한다. 선인장도 다육식물의 일종이지만 종류가 많기 때문에 다른 다육식물과 구분한다.

<h1>CONTENTS</h1>

PART1
NEW
STYLE
ARRANGEMENT
다양한 스타일의 선인장 꾸미기
세련된 디자인으로 즐기는 선인장 —
손쉬운 선인장 정돈법으로
지금 방에 있는 선인장을 한껏 꾸며보자.

에그 선인장
Egg Cactus

달걀 속에서 얼굴을 내밀고 있는
자그마한 선인장. 달걀 껍질과
색다른 조화를 이루는 선인장의 신비한 실루엣을 즐겨보자.

POINT

완성된 에그 선인장은 밝은 실내에 두고 뿌리내리기를 기다린다. 뿌리가 내리면 10일 후부터 물을 조금씩 주기 시작한다. 달걀 속은 물을 오래 머금고 있으므로 물은 한 달에 두 번만 줘도 좋다. 선인장이 자라게 되면 달걀 껍질을 손으로 가볍게 깨뜨려 좀 더 큰 화분으로 옮겨 심는다.

ENJOY

에그 선인장은 주방이나 식탁 위에 놓으면 잘 어울린다. 거실이나 책상 주변에 놓을 선인장은 바구니나 나뭇가지로 만든 새둥지에 심는 것도 좋다.

HOW TO

1 생장(生長)이 느린 선인장과 한쪽만 깨진 달걀 껍질을 준비한다.
2 볼펜 끝이나 송곳으로 달걀의 아랫부분에 직경 3~5mm의 구멍을 뚫는다. 안쪽에서 뚫으면 간단하다.
3 용토를 껍질의 반 정도 차게 넣는다.
4 껍질 안에 비료도 한줌 넣는다.
5 1cm 길이의 미니 선인장을 달걀 안에 조심스럽게 넣는다.
6 남은 용토로 껍질 안을 채워 선인장 주변을 가볍게 다진다. 그런 다음 단단해진 달걀 껍질을 에그스탠드에 세운다.

◐ **왼쪽부터** : 알로에 라우이(Aloe rauhii), 홍채각(紅彩角, Euphorbia enopla)
◐ 대통령(大統領, Thelocactus bicolor)

1
2
3
4
5
6

조가비 선인장
Seashell

예쁜 조개껍질에 심은 선인장 –
귀를 기울이면
파도 소리와 어우러진 선인장의 하모니가 들려온다.

1

2

3

4

5

POINT

뿌리가 내릴 때까지 모래를 넣은 받침 접시에 조가비를 올려놓으면 고정력이 생겨 움직이지 않는다. 물은 뿌리가 내리고 10일 후부터 받침 접시의 모래가 촉촉히 젖을 정도로 준다. 뿌리가 내린 후에는 옮겨 심은 선인장의 특성에 따라 관리한다. 선인장이 너무 자라면 조가비에서 꺼내 옮겨 심는다.

ENJOY

조가비의 시원스런 이미지는 욕실이나 화장실을 청결한 느낌으로 연출할 수 있으며, 큰 나무 등 실내용 식물의 뿌리에 장식해도 멋스럽다.

HOW TO

1 예쁜 조가비와 그에 어울릴 만한 작은 크기의 선인장을 준비한다.

2 못이나 쇠망치로 조개껍질 안쪽 아래에 직경 3~5mm의 구멍을 뚫는다. 그리고 조개껍질 안쪽에 용토를 넣는다.

3 선인장 상태에 맞춰 비료를 조금 넣는다. 크게 키우는 것이 목적이 아니므로 비료는 선택 사항이다.

4 꺾꽂이 하는 요령으로 조가비 안에 선인장을 놓고, 모래를 적당히 넣어서 고정시킨다.

5 마지막으로 모래가 넘치지 않도록 물이끼를 채워서 완성한다.

❂ 앞에서부터: 에케베리아 노바라노세이(Echeveria cv.), 알로에 라우이(Aloe rauhii), 에케베리아 에스피(Echeveria sp.)

선인장 젤리
Jelly Cup

미니 선인장에는 젤리 컵이 어울린다.
귀여운 화분에 옮겨 심은 선인장은
깨물고 싶을 정도로 귀엽다.

POINT

젤리 컵은 작아서 선인장에 수분 공급이 부족할 수 있으므로 봄, 가을의 생장기에는 한 달에 3~4회, 여름과 겨울의 휴면기에는 한 달에 한번씩 바닥에서 물이 스며 나올 정도로 수분을 공급한다. 선인장에 따라 필요한 일조량은 다르지만 기본적으로 한여름 직사광선은 주의한다. 햇볕에 알루미늄으로 만든 젤리 컵이 과열되면 뿌리가 썩을 수 있다.

ENJOY

작은 젤리 컵에 심은 미니 선인장이므로 장소가 넓지 않아도 좋다. 마음에 드는 젤리 선인장을 하나둘씩 모아 작은 공간에 꾸며두면 마치 과자점에 온 것 같다.

HOW TO

1 강건종 선인장과 젤리 컵을 준비한다.
2 젤리 컵 아래에 못과 망치로 2~3mm의 구멍을 뚫는다.
3 중간입자의 저옥토를 한 움큼 넣고, 바닥에 난 구멍을 막는다.
4 젤리 컵 안에 비료 5~10알을 넣는다.
5 젤리 컵 안에 선인장을 넣고 뿌리 주변에 용토를 넣어 단단히 한다.

✪ A. 에케베리아 서브세실리스(Echeveria subsessilis) B. 목단옥(牧丹玉, Gymnocalycium mihanovichii var. friedrichii) C. 생석화속(生石花屬, Lithops)의 일종 D. 권견(卷絹, Sempervivum arachnoideum) E. 월영(月影, Echeveria elegans) F. 흑법사(黑法師, Aeonium arboreum cv. atropurpureum) G. 보초(寶草, Haworthia cymbiformis) H. 금학환(金鶴丸, Mammillaria schiedeana)

구슬 선인장
Spherical Terra Cotta

동그란 테라코타가 선인장을 부드럽게 감싼다.
새롭게 탄생하는 선인장만의 세계

1

POINT

물은 한 달에 2~3회 주는데, 물이 담긴 그릇 안에 선인장을 몇 분간 넣어두거나 물을 부은 받침 접시에 담가두는 것도 좋다. 구슬 선인장은 자랄 수 있는 공간이 제한되어 있으므로 가끔 가지치기를 한다.

2

ENJOY

무엇인가로 받치지 않으면 고정되지 않는 동그란 공모양의 테라코타. 그 자체가 즐거운 볼거리이다. 개성있는 아이디어를 활용하기 좋은 아이템이다.

3

HOW TO

1 관리가 편한 강건종이나 긴 줄기 선인장과 동그란 테라코타를 준비한다. 미리 모종의 절단면을 10일 정도 건조시켜 둔다.
2 테라코타의 반을 용토로 채우고 모종을 심는다.
3 다른 구멍으로 비료를 10알 정도 넣는다.
4 안을 용토로 꽉 채워서 선인장을 고정시킨다.
5 물이끼나 굵은 적옥토를 넣은 다음 구멍을 막는다.

4

5

○ **왼쪽부터** : 보초(寶草, Haworthia cymbiformis), 여종각(麗鐘閣, Tavaresia grandiflora) **앞쪽** : 아악무(雅樂舞, Portulacaria afra var. variegata)
구형 테라코타 구입처 : 선인장 상담실, 히라노 도기

다육식물의 분재

분재풍으로 꾸민 천마공(天馬空, Pachypodium succulentum)으로 기대 이상의 세련된 인테리어 효과를 볼 수 있다. 분재용 화분은 깊이가 얕으므로 뿌리 근처에 흙을 쌓아 올려 심는다. 물이끼를 이용하면 흙이 흘러내리는 것을 방지할 수 있다. 분재에 적당한 선인장은 오페르쿨리카리아속(Operculicarya), 기봉금속(奇峰錦屬, Tylecodon), 브루세라속(Bursera), 대극속(大戟屬, Euphorbia), 육황국속(肉黃菊屬, Faucaria), 봉퇴수속(棒槌樹屬, Pachypodium), 로포포라속(Lophophora) 등이다. 변형종인 철화(綴化)를 사용해서 다양한 분재를 즐길 수도 있다. 정통 분재와는 달리 실내에서 관리할 수 있고 물도 한 달에 2~3회만 주면 된다. 또한 휴면기 등에는 물을 주지 않아도 되어서 손질이 간편하다. 정통 분재와 마찬가지로 가지 등을 잘라서 원하는 형태로 디자인한다.

일본풍 선인장 인테리어

선인장과 '일본풍', ― 의외의 조합이지만,

선인장의 형태와 화기의 소재나 모양을 잘 조합시키면

멋진 분위기가 살아 난다.

일본풍의 인테리어뿐만 아니라

다른 이국적인 스타일에도 잘 어울리는 선인장,

선인장으로 넓어지는 안정감 있는 휴식 공간

❶ 일본풍의 연못에 난봉옥(鸞鳳玉, Astrophytum myriostigma)을 배치했다. 잉어의 신선함과 하나가 되는 선인장의 깨끗함

❷ 고풍스런 불상 손바닥에 일본식 용기에 심은 아방궁(阿房宮, Cotyledon paniculata)을 놓았다. 화분제조 : 히구치 아키히토

워터 선인장
Hydroponics
창 주위에 반짝반짝 빛나는 수재배,
뿌리 모양까지 즐길 수 있는 역광(逆光)에 반사된 선인장

POINT

설란속(舌蘭屬, Agave), 석연화속(石蓮花屬, Echeveria), 경천속(景天屬, Sedum) 류인 금호(金號, Echinocactus grusonii), 거취옥(巨鷲玉, Ferocactus herrerae) 등이 적합하다. 물은 뿌리가 수면 아래로 내려갈 정도가 적당하며 뿌리의 활동으로 물이 썩지 않는다. 물속에서 뿌리가 잘 내리는 시기는 4~6월, 9~10월. 크게 키울 필요가 없으므로 비료는 필요 없지만, 비료를 줄 경우 물이 더러워지므로 주의한다. 직사광선은 피하고 커튼을 통해 들어오는 햇빛 정도가 적당하다.

ENJOY

어울리는 화기를 선택해 수재배한 선인장을 창가에 놓고 빛과 물의 반짝임을 즐긴다.

HOW TO

1 화기의 입구보다 조금 큰 선인장과 투명한 유리화기, 발포 스티로폼을 준비한다. 선인장은 뿌리를 물로 잘 씻어, 2~3주 정도 그늘에 놓아둔다.

2 뿌리가 썩는 것을 막기 위해 규산백토(珪酸白土) 또는 소탄(消炭)을 화기의 1/5 가량 넣는다.

3 화기에 선인장의 뿌리 끝이 조금 잠길 만큼 수돗물을 채운다.

4 발포 스티로폼으로 선인장을 고정시키고 화기에 선인장을 넣는다.

5 햇빛이 드는 곳에 두고 물 속 뿌리가 나기를 기다린다. 생장기에는 5~10일 지나야 뿌리가 난다.

❂ 왼쪽 : 금호(金號, Echinocactus grusonii) **중앙 앞쪽** : 농월(朧月, Graptopetalum paraguayence) **중앙 뒤편 왼쪽** : 리프사리스(Rhipsalis)의 일종 **중앙 뒤편 오른쪽** : 주중화(酒中花, Sempervivum num) **오른쪽** : 보초(寶草, Haworthia cymbiformis)

1

2

3

4

5

컵 선인장

Hole-less Container

마음에 드는 컵에 좋아하는 선인장을 심고,

부담 없이 즐긴다.

바닥에 구멍이 필요 없는 손쉬운 분재법

POINT

컵에 선인장을 심고 10일 후 흙이 조금 젖을 정도로 물을 준다. 뿌리가 날 때까지는 한 달에 3~4회, 뿌리가 난 후에는 한 달에 1회 정도로 물을 준다. 바닥에 구멍이 없기 때문에 한 번에 너무 많은 물을 주면 물이 넘쳐버린다. 햇볕이 잘 들지 않는 곳에 컵 선인장을 배치할 경우, 때때로 장소를 옮겨 골고루 햇볕을 받도록 한다.

ENJOY

바닥에 구멍이 없어도 되는 정통 분재법이므로 여러 가지 용기를 화분으로 활용할 수 있다. 빈병이나 빈 캔, 깜찍한 작은 용기에 심어 잡화적인 감각으로 즐긴다.

HOW TO

1 강건종의 선인장, 유리잔이나 머그컵 등 구멍이 없는 화기를 준비한다.
2 중간입자의 적옥토로 화기의 1/3 정도를 채운다.
3 뿌리가 썩는 것을 방지하기 위해 규산백토(珪酸白土)를 넣는다. 2~3스푼의 양이 적당하다.
4 그 위에 비료를 한줌 바른다.
5 선인장의 뿌리를 잘 뻗게 하기 위해서 뿌리 주변에 용토를 넣고, 용기를 가볍게 두드려 흙을 고른다.

◐ **왼쪽부터** : 옮겨 심은 석연화속(石蓮花屬, Echeveria), 무룡환(舞龍丸, Copiapoa bridgesii), 백성(白星, Mammillaria plumosa), 에케베리아 치와와엔시스 (Echeveria chihuahuaensis)

물이끼 선인장
Moss ball

정감 있는 이끼 덩어리를
선인장으로 즐기는 새로운 스타일.
여유로운 정취를 즐긴다.

POINT

심은 선인장의 성질에 적합한 장소에서 관리한다. 물이끼가 바싹 말랐다면 물을 담은 받침 접시 위에서 물을 흡수시킨다. 단, 물이끼가 심하게 말라 있더라도 선인장은 마르지 않는다는 것을 알아두자. 물이끼 재배에 질렸다면 테라코타 등 원하는 화기에 그대로 옮겨 심을 수 있다.

ENJOY

일본풍의 이끼 덩어리는 햇볕이나 물주기에 신경 쓰지 않고, 손쉽게 분재로 즐길 수 있다는 점이 매력이다. '바쁘다'는 핑계가 입버릇인 당신에게 추천한다.

HOW TO

1 강건종의 선인장, 젖은 물이끼 2 덩어리, 황동 와이어 1m를 준비한다.
2 비교적 작은 모종을 원그루에서 잘라 낸다.
3 손바닥에 젖은 물이끼를 놓고, 아래가 평평한 작은 돌을 중심석으로 배치한다.
4 물이끼에 비료를 한줌 바른다.
5 모종의 뿌리 주변에 물이끼를 말아 넣고, 부서지지 않도록 와이어로 감아서 고정시킨다.

❍ **접시 안쪽의 왼편부터** : 용성(龍城, Haworthia viscosa), 주름치마선인장(Cereus jamacaru), 심야성(深夜星, Haworthia attenuata) **사각형 컨테이너 안쪽 왼쪽부터** : 자보(子寶, Gasteria cv. 'Kodakara'), 용린(龍鱗, Haworthia tessellata), 보초(寶草, Haworthia cymbiformis), 수차(水車, Haworthia limifolia var. ubomboensis)의 일종. 알로에 데코잉스(Aloe descoingsii)

선인장 잎꽂이

Leaves Baby

어린 선인장의 아주 귀여운 잎꽂이.

이렇게 작은데도,

튼튼하게 선인장이 되어간다.

선인장 잎꽂이로 보는 생명의 신비

잎꽂이 하기 적합한 다육식물은 석연화속(石蓮花屬, Echeveria), 경천속(景天屬, Sedum), 봉퇴수속(棒槌樹屬, Pachypodium), 가람채속(伽藍菜屬, Kalanchoe), 천금장속(天錦章屬, Adromischus), 회환초속(回歡草屬, Anacampseros) 등이다. 새싹이 나면 항상 가볍게 용토가 젖을 정도로 물을 주며, 반음지에 두고 관리한다. 어린 선인장은 모아심거나 에그선인장, 조가비 선인장 등의 모종으로 많이 쓰인다.

어린 선인장을 늘려 나가면서 그 귀여운 모습을 즐긴다. 어린 선인장은 천천히 시간을 갖고 키운다. 선인장이 자라는 만큼 애정도 늘어간다.

1 잎꽂이용 화기를 준비한다. 그리고 준비한 화기의 물 빠질 구멍을 토기 조각 등으로 막는다.
2 화기에 용토를 넣고 용토 위 1cm 부분에 무균의 녹소토(鹿沼土)나 적옥토, 작은 입자의 질석(蛭石)을 넣는다.
3 용토를 평평하고 깨끗하게 깐다.
4 다육식물의 잎을 가지에서 살짝 떼어내, 잎꽂이판 위에 놓는다. 뿌리가 날 때까지 물은 안줘도 좋다.
5 성장이 빠르면 1주일 내에 용토 위로 뿌리가 나온다(새싹을 먼저 내는 종류도 있다). 새싹이 빨리 자랄 수 있도록 나온 뿌리를 땅속에 묻고 물을 주기 시작한다. 1cm 이상 자라면, 새싹은 잎에서 떼어낼 수 있다.

❂ 브론즈희메(Graptopetalum hybrid)의 잎꽂이

01

밀짚모자에 모아심기

Straw Hat

선인장의 다양한 색이
밀짚모자와 차분한 조화를 이룬다.
향수를 자극하는 세련된 모아심기 스타일

POINT

모아심기의 핵심은 같은 성질의 선인장을 심는 것
이다. 물을 주는 빈도나 재배에 좋은 일조량이 다른
선인장을 모아 심으면, 관리를 잘하더라도 그 중 어
떤 것은 희생되기 마련이다. 겉모습만으로 고르지
말고, 두는 장소나 재배법을 고려하여 선인장을 선
택하는 것이 중요하다. 모아 심은 후에는 가끔씩 가
지를 치거나 형태를 정리한다.

ENJOY

밀짚모자에 모아 심은 선인장은 목가적인 분위기나
세련된 인테리어에 잘 어울린다. 이 외에 원예용 신
발이나 망가진 물뿌리개 등을 활용해도 좋다. 아이
디어에 따라 참신한 모아심기를 즐길 수 있다.

HOW TO

1 같은 성질의 선인장, 밀짚모자를 준비한다.
2 방수가공하지 않은 소재의 밀짚모자를 사용할 경
   우에는 안쪽에 비닐이나 랩을 두른다.
3 중간입자의 적옥토를 용기의 1/5정도 넣는다. 구
   멍이 없는 화기나 컨테이너를 사용할 경우, 뿌리가
   썩는 것을 방지하기 위해 규산백토(珪酸白土)를 한
   움큼 넣어두면 좋다.
4 계속해서 용토를 넣고, 비료를 조금 더한다.
5 비닐 용기에서 모종을 꺼내 심는다.
6 배열순서를 정해 놓고, 중심부터 심어나가면 정리
   하기가 쉽다. 마무리로 물이끼를 뿌리주변 사이사
   이에 깔고, 선인장을 고정시킨다.

❂ 석연화속(石蓮花屬, Echeveria)을 중심으로 한 모아심기

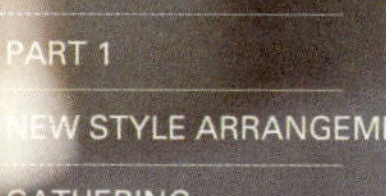

크리스탈 선인장 캡슐

Terrarium of Crystal Glass

투명한 유리용기가
선인장들이 사는 캡슐로 변신한다.
마음에 드는 선인장을 모아 심으면
보석 상자 부럽지 않다.

POINT

모아 심을 선인장은 가능하면 성질이 비슷하거나 원산지가 가까운 것으로 한다. 뿌리가 나는 1~2주 동안이나 추운 겨울에는 테라륨의 뚜껑을 닫아 둔다. 하지만 햇볕이 직접 유리에 닿으면 화기 내의 온도가 급상승해서 선인장이 마를 수 있으므로, 평소에는 뚜껑을 열고 커튼 너머로 빛이 들어오는 장소에서 기른다. 물은 흙이 마르기 시작하면 전체가 촉촉하게 젖을 정도로 준다. 단, 너무 많이 주지 않도록 주의한다.

ENJOY

유리 안에 펼쳐진 작은 세계. 작은 장식품과 함께 배치해도 멋지다. 뿌리가 뻗는 과정을 유리 너머로 즐길 수 있다.

HOW TO

1 성질이 비슷한 선인장의 작은 모종, 투명한 뚜껑이 있는 유리 화기나 목면 케이스를 준비한다.

2 유리 화기 바닥에 중간 입자의 적옥토를 화기의 1/5 정도 차게 넣는다.

3 뿌리가 썩는 것을 방지하기 위해 규산백토(珪酸白土)나 소탄(消炭)을 넣는다. 큰 스푼으로 3스푼 정도가 적당하다.

4 뚜껑을 닫았을 때 선인장의 머리가 닿지 않을 정도로 용토를 넣는다. 크게 생장시킬 필요가 없기 때문에 비료는 선택 사항이다.

5 좋아하는 선인장의 작은 모종을 모아 심는다.

6 마지막으로 산호모래 등의 흰색 화장모래를 선인장 주위에 빈틈없이 깐다.

◐ **왼쪽 테라륨** : 경동자(京童子, Senecio herreanus) · 금황환(金晃丸, Eriocactus leninghausii)의 모아심기 **오른쪽 테라륨** : 홍채각(紅彩角, Euphorbia enopla) · 디스코칵터스 부에네케리(Discocactus buenekerii) · 구슬얽이(玉綴, Sedum morganianum)의 모아심기

Cross Type Box

벽걸이형 십자가 모양 상자에 서광룡(瑞光龍
, Haworthia cooperi)을 모아 심어 보자. 산
뜻한 디자인이 센스 있는 공간을 만든다. 거친
콘크리트 벽처럼 무기질 느낌이 나는 인테리
어에 더욱 잘 어울린다. 단순한 모양이지만 심
심한 공간에 분위기를 더한다.벽걸이 전용으
로는 입목성(立木性)이 없는, 로제트형의 선
인장이 적합하다. 용토와 비료를 넣고, 뿌리를
물이끼로 감싸서 심는다. 마지막에는 용토가
흘러내리지 않도록 물이끼를 조금 눌러서 채
워 넣는다. 반듯한 땅에 상자를 놓고 약 1개월
간 재배해 확실하게 뿌리가 나면 벽에 걸어 즐
긴다. 물은 조금 줘도 상관 없고, 한 달에 한 번
벽에서 떼어 내려놓고 물을 준다.

새로운 스타일의 모아심기

그림이나 오브제처럼 즐기는 선인장 —
같은 선인장을 모아서 배치하거나,
각기 다른 선인장을 모아 만드는 새로운 인테리어 —
다양한 형태로 자유로운 디자인이 가능한 선인장

❶❷ **케이크 형태의 테라코타에 모아심기** 각양각
색의 선인장이 진짜 케이크 같다. **위 :** 중앙은 백사자
(白斜子, Solisia pectinata) 주변은 비모란금(緋牡丹
錦, Gymnocalycium mihanovichii var. friedrichii
'Hibotannishiki') **아래 :** 중앙에 비모란금(緋牡丹
錦, Gymnocalycium mihanovichii var. friedrichii
'Hibotannishiki'), 그 주변을 희성미인(姬星美人, Sedum
anglicum), 백성(白星, Mammillaria plumosa)으로 배열
한다.

❸ **입체감 있는 큰 선인장을 대담하게 모아심기** 고풍
스런 스탠드 위에 모아 심은 선인장을 놓으면 그 자체가 신
비한 오브제로 바뀐다. **안쪽 :** 풍명환(豊明丸, Mammillaria
bombycina) **앞쪽 :** 희운(姬雲, Melocactus concinnus)

접붙이기
Grafting

자유로운 코디네이션으로 만드는
나만의 선인장

POINT

접붙이기는 맑은 날 낮, 혹은 2~3일 맑은 날이 지속될 때 하는 것이 가장 좋다. 대목(臺木)으로는 삼각주(三角柱, Hylocereus guatemalensis)나 용신목(龍神木, Myrtillocactus geometrizans) 등의 기둥선인장(Cereus)이나 나뭇잎 선인장(Peireskioideae)의 목기린(木麒麟, Pereskia aculeata)등이 주로 쓰인다. 접붙인 후에는 대목(臺木) 선인장을 관리할 때와 같이 물이나 비료를 보통 때보다 많이 준다.

ENJOY

접붙이기는 살아 있는 토피어리(Topiary)로도 즐길 수 있다. 접붙이는 대상에 따라 여러 가지 형태로 만들어질 수 있다.

HOW TO

1 대목(臺木)으로 할 선인장과 접붙일 선인장, 칼, 신축성 있는 실을 준비한다.

2 대목(臺木) 선인장의 윗부분을 자른다. 접붙이는 부분을 쉽게 밀착시키기 위해 잘라낸 면의 주변을 경사지게 자른다.

3 접붙일 선인장의 아래 부분을 수평으로 자른다.

4 자른 면을 새롭게 하기 위해 대목(臺木)의 자른 면을 한 번 더 1~2mm 잘라 양쪽의 심을 맞추고 접붙일 선인장을 대목(臺木) 위에 올린다.

5 실로 꽉 묶어서 대목(臺木)과 접붙일 선인장을 고정시킨다.

6 활착(活着)될 때까지 5~10일 정도 통풍이 잘되는 건조한 장소에서 관리한다.

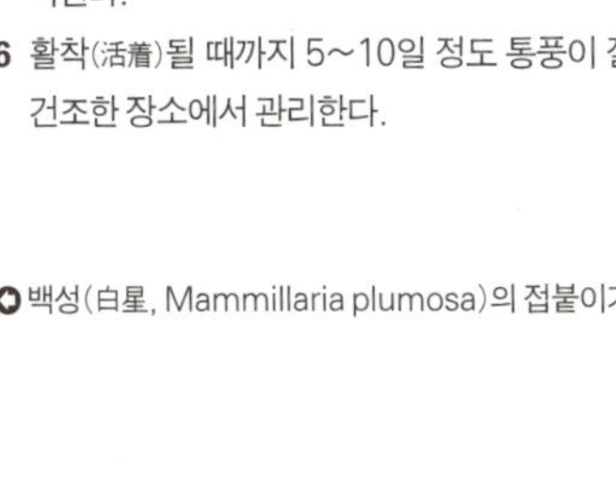

○ 백성(白星, Mammillaria plumosa)의 접붙이기

왼쪽부터 : 비모란금(緋牡丹錦, Gymnocalycium mihanovichii var. friedrichii 'Hibotannishiki'), 황금제관(黃金帝冠 Obregonia denegrii f. variegated), 제관(帝冠, Obregonia denegrii)

선인장 시계

Cactus Clock

터프한 선인장에는
시계를 부착해도 문제없다.
시간이 지나가는 소리가 들린다.
그 사람에게 보내는 나만의 특별한 선인장

POINT

밝은 실내라면 어디에서라도 관리가 가능하다. 크게 키우는 것이 목적이 아니므로, 물은 아주 조금씩 한 달에 1~2회 준다. 웃거름도 필요 없다. 살아 있는 선인장에 시계장치를 부착한 것이므로 새싹이 나는 경우도 있는데, 새싹이 시계 형태를 무너뜨릴 때에는 적절히 잘라준다. 잘라낸 새싹은 자른 면을 4일 정도 건조시키면 꺾꽂이에도 이용할 수 있다.

ENJOY

개성 있는 선인장 시계는 이사 선물로 좋다. 선인장과 기계 장치를 잘 선택한다면, 방 분위기와 어울리는 선인장 시계를 만들 수 있다.

HOW TO

1 대형 부채 선인장, 시계 기계 장치를 준비한다.
2 방해되는 가시는 가위로 자른다.
3 기계 장치를 끼워 넣을 구멍을 칼로 뚫는다. 그리고 구멍의 절단면이 마르도록 1주일 정도 둔다.
4 기계 장치를 끼워넣는다.
5 기계장치가 확실하게 선인장에 고정되었는지를 확인한다.
6 기계 장치 위에 시계 침을 붙여서 완성한다.

◆ 대극전(大極殿, Opuntia lagunae) 시계

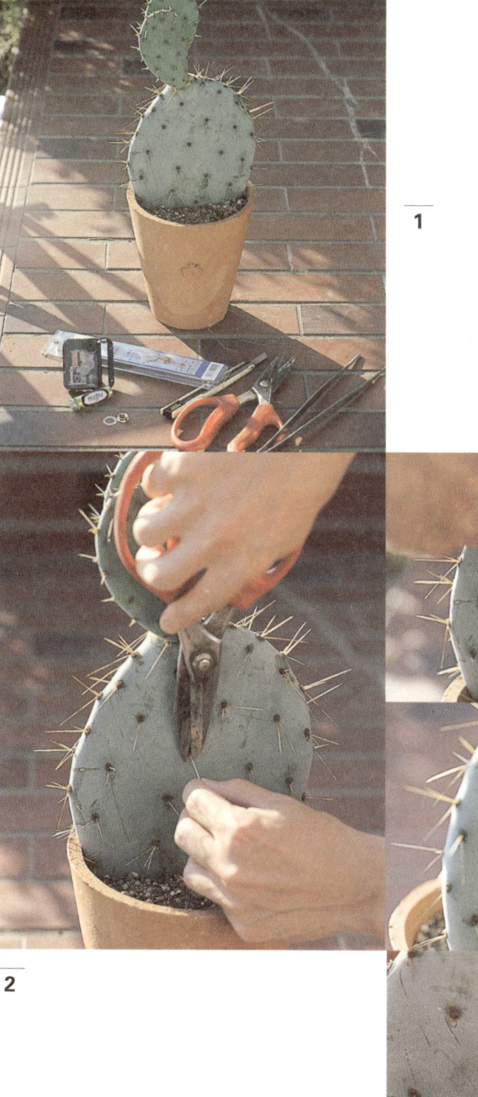

선인장 화환
Cactus Wreath

가지각색의 선인장을 모아서 만드는
신비한 화환.
크리스마스와 같은 특별한 날 외에도
계절에 관계없이 즐길 수 있다.

흑법사(黑法師, *Aeonium arboreum* cv. *atropurpureum*) 등의 키가 큰 선인장은 피하고, 내한성이 있는 선인장을 선택한다. 크리스마스 등 특별한 날에는 실외 문에 걸고, 보통 때에는 커튼 너머로 햇볕이 드는 실내에 보관한다. 물은 한 달에 2~3회 주는데, 이때 양동이에 물을 담아 선인장을 그 안에 5분 정도 담근다. 한겨울인 1~2월과 한여름에는 물을 주지 말고, 선인장을 쉬게 한다. 가끔씩 가지치기를 해서 형태를 정리한다.

특별한 손님을 초대할 때나, 기념일에는 선인장으로 만든 화환으로 맞이한다. 독특한 화환 선물은 모임에 활기를 불어 넣을 용도로 최적이다.

1 잘라서 10일 정도 건조시켜둔 모종, 물이끼, 황동 와이어를 준비한다.
2 와이어를 세로로 4~5개, 긴 것을 가로로 1개 늘어놓고, 그 위에 젖은 물이끼를 둔다.
3 물이끼 위에 후드득 뿌리듯이 용토를 묻고, 비료도 소량 뿌린다.
4 물이끼가 확실히 굳도록 와이어를 가로세로로 얽히게 감아서, 한 줄의 김밥처럼 만든다.
5 양끝의 와이어를 묶어서 심을 장소를 완성한다.
6 핀셋으로 물이끼에 구멍을 내며 모종을 심는다. 평평한 상태에서 1개월 정도 지나 확실히 뿌리가 나면 문 등에 걸어서 즐긴다.

◐ 석연화속(石蓮花屬, Echeveria), 청쇄룡속(青鎖龍屬, Crassula), 경천속(景天屬, Sedum) 등으로 만든 화환

cactus art museum

선인장 정원

정원 구석에 굴러다니는 아이템을 선인장과 대담하게 배합하여 개성이 넘치는 정원을 연출해보자.
오래된 정원 용품이나 용도가 없는 폐물들도 선인장과 만나면 멋진 인테리어 아이템으로 변신한다!

1

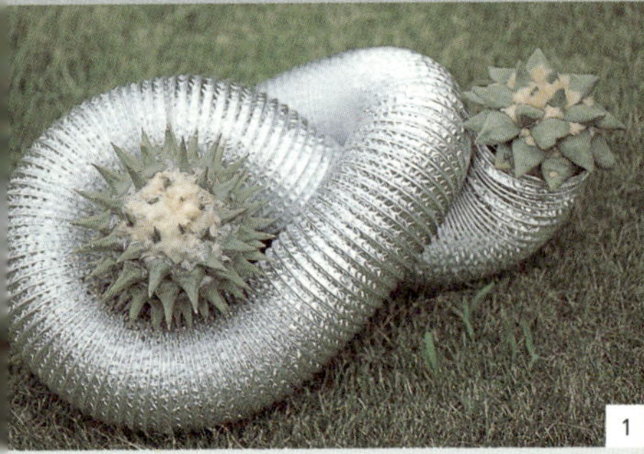

❶ **왼쪽** : 배관용 덕트에 삼각목단(三角牡丹, Ariocarpus trigonus) **오른쪽** : 암목단(岩牡丹, Ariocarpus retusus)을 배치한다.

❷ 빈 캔에 페인트를 칠해서 팔대용왕(八大龍王, Euphorbia virosa)을 심는다. 선인장의 녹색과 화분으로 쓰인 빨간색 캔의 대비가 신선하다.

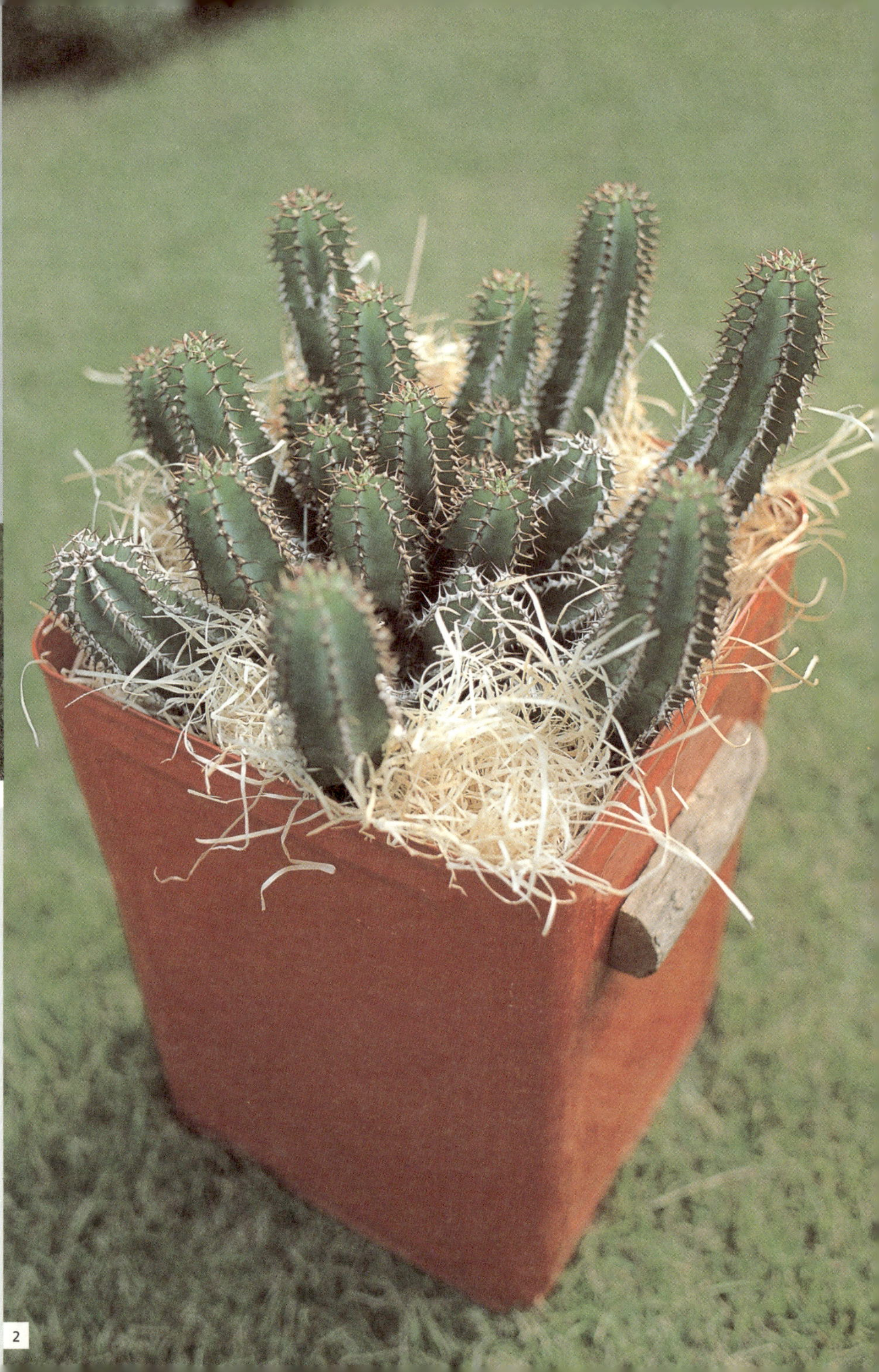

2

선인장 새장

오래된 새장과 염일산(艶日傘, Aeonium arboreum, 위)과 설화(雪花, Aloe rauhii cv. 'Snow Flake', 아래)이 만난 선인장 새장. 새장 안의 선인장은 가끔씩 가지치기를 해서 자그마한 형태를 유지하도록 한다. 최근에는 식물전용 새장도 시중에서 구할 수 있다. 고풍스러운 느낌의 선인장 새장은 발코니나 현관, 방 한구석에 놓아도 좋다. 단, 야외에 둘 경우에는 비가 직접 닿지 않는 처마 밑 같은 곳에 놓도록 한다. 선인장이 새장 안에 있으므로 애완동물이 가시에 찔릴 걱정은 하지 않아도 좋다. 멋스럽게 보호할 수 있다.

선인장 옷장

화분에 뜨게 옷을 입힌 금호(金號, Echinocactus grusonii).

입김이 하얗게 나오는 추운 계절에는 선인장 화분에 뜨게 옷을 입혀주자. 색깔이 다른 옷을 입은 화분을 정렬하면, 선인장 옷장이 완성된다. 우선 화분 둘레에 맞춰서 코를 뜬다. 그 다음에 코를 세우고, 화분 크기에 맞게 뜨개질을 해나간다. 짜는 과정에서 다른 색을 넣어도 좋다. 손 뜨게이므로 디자인이나 색깔도 자유롭게 변형할 수 있다. 뜨게 옷의 따뜻한 질감을 즐겨보자.

❶❷ 하얀 구슬과 만난 귀여운 선인장. 발포 스티로폼 구슬을 붙인 것만으로도 날카로운 선인장 가시를 커버한다.
왼쪽부터 : 뉴멕시코(Agave neomexicana), 왕관룡(王冠龍, Ferocactus glaucescens)의 접붙이기

별명이 '의사가 필요 없음'인 알로에는 화상이나 벤 상처 등에 바르는 약으로도 쓰여, 이미 많은 사람들이 그 다채로운 효능에 대해 알고 있다. 최근에는 화장수나 화장 유액, 비누 등의 화장품부터 보온효과가 있는 천연 소재까지 여러 용도로 쓰이고 있다. 또한 잎 껍질에 포함된 '알로인'은 위장 활동을 돕는 역할을 해서 의약품으로도 등록되어 있다.

그런데 알로에 성분을 함유한 화장품 중에는 '의약부외품'이라고 표시된 것이 있다. 의약부외품은 일반화장품과는 달리 특정한 효능이나 효과를 의약법으로 인정받은 상품을 말한다. 이와 같은 표시법을 알아 두면 알로에 화장품을 선택하는데 도움이 된다.

알로에 외에도 효과적인 기능을 하는 선인장은 많다. 남아프리카 지방이 원산지인 박주가리과(蘿藦科, Asclepiadaceae)에 속하는 '여배각속(麗杯角屬, Hoodia)'에는 먹으면 식욕을 감퇴시키는 효능이 발견되어 유수의 제약회사로부터 주목 받고 있다. 참깨과(Pedaliaceae)의 '운카리나(Uncarina sp.)'는 일명 '샴푸의 나무'라고 불리며, 원산지인 마다가스카르 지방에서는 이 운카리나(Uncarina sp.)의 잎을 비벼서 난 거품을 샴푸로 사용하고 있다.

이와 같이 선인장이나 유사 식물들은 건강이나 미용 등 여러 가지 방면에서 많은 도움을 준다. 우선 가볍게 알로에부터 당신의 생활에 적응시켜 보자.

선인장으로 가꾸는 아름다운 생활

알로에 왼쪽부터 : 알로에 라우이(Aloe rauhii), 알로에 하이브리드(Aloe hybrid)

PART2
INTERIOR
STYLE
생활 속의 선인장
실내 공간의 특성에 맞는
개성있는 선인장들을 소개한다.
당신의 집에 딱 맞는 선인장을 찾아보자.

Entrance

현관

왼쪽부터 : 흑법사(黑法師, Aeonium arboreum cv. atropurpureum), 에케베리아 길바(Echeveria agavoides cv. 'Gilba'), 에케베리아 라우린제(Echeveria laulindse), 사각주(四閣柱, Cereus neotetragonu), 앞쪽 : 화월(花月, Crassula portulacea)

개성 있는 공간의 시작은 선인장으로

특징

현관은 당신의 센스가 돋보이는 공간이므로 개성있게 선인장을 연출한다. 문을 여닫을 때마다 바깥 공기가 들어오기 쉽고, 일반적으로 난방을 하지 않는 곳이기 때문에 추위에 강한 선인장을 선택하도록 하자. 또한 가시가 없는 종류나 크기가 작은 선인장을 선택해 통행에 불편이 없도록 한다. 크기가 커서 옆으로 넓게 뻗은 형태의 선인장은 현관을 연출하기에 적합하지 않다.

POINT

봄 이후에는 가끔씩 선인장을 문밖에 내놓고 일광욕을 시키자. 단, 갑자기 직사광선을 쬐면 말라 버릴 수 있다. 처음에는 안개 낀 날을 골라 실외의 환경에 적응시키고, 2일째부터 햇볕을 쬐는 것이 좋다. 가을과 겨울에는 다시 안으로 들이는 것을 잊지 않도록 주의하자. 하룻밤 추위에도 선인장은 시들어버릴 수 있다. 추위에 약한 선인장일 경우, 겨울에는 거실 등의 따뜻한 공간으로 옮겨서 관리한다.

사위(絲葦, Rhipsalis cassutha)와 같이 걸어 두고 즐길 수 있는 선인장도 거실에 잘 어울린다

현관에 어울리는 선인장

아악무(雅樂舞)

Portulacaria afra var. variegata

생장기	3~10월
휴면기	11~2월
개화기	6~8월

은행나무의 노란 무늬가 들어간 종. 가을에는 녹색잎에 핑크빛이 돈다. 물을 잘 주지 않으면 잎에 주름이 생기고 시들어 버린다. 흙의 표면이 말라 있으면 충분한 양의 물을 준다. 일본풍의 화기와 잘 어울린다.

황화신월(黃花新月)

Othonna capensis

생장기	10~6월
휴면기	7~9월
개화기	10~4월

반년이상 노란 꽃을 피우기 때문에 매년 분갈이를 해야 한다. 생장기에는 흙 표면이 마르면 물을 주고, 한 달에 한 번 연한 액체 비료를 준다. 번식기에는 줄기를 8cm로 잘라서 3일 정도 음지에 말린 후 꺾꽂이 한다.

산버스트

Aeonium San bust' var.crist

생장기	3~6월 · 10~11월
휴면기	1~2월 · 8~9월
개화기	3~5월

철화종. 무늬가 있는 잎은 태양빛에 닿으면 색깔이 변한다. 겨울 생장형이므로 여름에는 휴면시킨다. 꺾꽂이는 가을이 적기이다. 비료를 주어 재배하면 큰 잎이 되고, 작은 화분에 심고 비료를 주지 않으면 크게 자라지 않는다.

Living Room
거실

◆ **왼쪽부터** : 황새금(皇璽錦, Aloe dichotoma), 오소피튬 스타라이트(Orthophytum Ster Light), 선녀배(仙女盃, Dudleya brittonii), 당나귀 귀(Kalanchoe gastonis-bonnieri), 길상관(吉祥冠, Agave potatorum f.), 테이블 위 : 옥 회춘(玉姬椿, Greenovia aurea)

거실에는 큰 선인장을 대담하게 배치

특징　거실에 놓기에는 큰 선인장이 좋다. 선인장(다육식물)은 15,000여 종류가 있으므로, 거실의 이미지에 맞는 선인장을 반드시 찾을 수 있다. 발코니와 접한 곳이나 출입문 등 유리문에 가까운 곳에는 태양을 좋아하는 선인장을, 조금 구석진 공간에는 직사광선을 싫어하는 선인장을 놓는다. 테이블 위에는 여러 가지 크기의 선인장을 다양하게 배치하고 계절에 따라 바꿔보자.

POINT　실내에 둘 때는 한쪽에서만 빛을 받기 쉽다. 빛이 닿는 면을 1개월 주기로 바꿔주면 휘지 않고 곧게 자란다. 또 겨울에는 햇볕이 실내 깊숙한 곳까지 들어오지만 여름에는 태양이 높아서 구석까지 햇볕이 들어오지 않는다. 그러므로 태양을 좋아하는 선인장을 배치할 때는 일조량이 부족하지 않도록 주의하자. 대형 선인장은 바퀴가 달린 받침대 위에 놓아두면 옮길 때 편리하다.

거실에 어울리는 선인장

옥희춘(玉姬椿)

Greenovia aurea

생장기	9~6월
휴면기	7~8월
개화기	2~3월

장미꽃처럼 퍼져 있는 둥근 잎이 귀엽다. 생장기에는 흙의 표면이 마르고 2~3일 후에 물을 준다. 더위에 민감하므로 한여름에는 물을 주지 말고 가능한 한 서늘한 곳에 두고 휴면시킨다. 겨울에는 ±0℃에 견딘다.

불사조금(不死鳥錦)

Kalanchoe cv.

생장기	3~10월
휴면기	12~2월
개화기	9~11월

불사조(不死鳥)의 무늬를 띤 종. 아름다운 분홍색을 연중 내내 즐길 수 있다. 북쪽으로 난 창가에서도 견딘다. 생장기에는 흙의 표면이 마르면 물을 준다. 겨울에는 ±0℃ 이상에서 관리한다.

설연(雪蓮)

Echeveria lauii

생장기	10~4월
휴면기	6~9월
개화기	3~5월

석연화속(石蓮花屬, Echeveria) 중 비교적 까다로운 종. 부드러운 햇볕이 드는 곳에서 관리한다. 여름에는 서늘한 환경에 두고 물을 주지 않고 휴면시킨다. 생장기에는 흙의 표면이 마르면 2~3일 후에 물을 준다.

에케베리아 애프터그로우

Echeveria cv. 'Afterglow'

❤ 생장기	9~6월	
❤ 휴면기	7~8월	
❤ 개화시기	9~11월	

대형 선인장으로 연보라색 잎은 30cm 이상의 길이로 펼쳐진다. 가을 이후에는 잎끝이 짙은 보라색으로 물들고, 잎은 형광색으로 변한다. 질소 비료를 조금씩 주면서 심고, 햇볕이 잘 드는 곳에서 기른다.

금황성(錦晃星)

Echeveria pulvinata

❤ 생장기	3~11월	
❤ 휴면기	1~2월	
❤ 개화시기	12~2월	

햇볕을 잘 쬐도록 기르면, 가을에 아름다운 단풍과 꽃을 즐길 수 있다. 비교적 건강해서 북향 방에서도 적응한다. 물은 흙의 표면이 마르고 2~3일 후에 준다. 한겨울에는 춥게 자라지 않도록 ±0℃ 이상에서 관리한다.

에케베리아 서브세실리스

Echeveria subsessilis

❤ 생장기	10~3월	
❤ 휴면기	7~9월	
❤ 개화시기	9~11월	

소형이지만 많은 선인장이 돋아난다. 가을에는 단풍이 들지만 꽃은 좋지 않다. 어두운 곳에서는 생장이 느리고 형태가 흐트러진다. 생장기에 흙 표면이 마르고 2~3일 후에 물을 준다. 흰무늬 잎의 '모닝라이트'도 있다.

두들레야 안소니

Dudleya anthonyi

❤ 생장기	9~5월	
❤ 휴면기	6~8월	
❤ 개화시기	3~5월	

두들레야는 지구에서 가장 하얗다고 하는 식물이다. 흰 가루가 퍼지기 때문에 잎 대신 화분토에 물을 준다. 한여름 휴면기에는 서늘한 환경에서 물을 주지 않는다. 한겨울에도 약간의 휴면기를 갖는다. ±0℃에서 견딘다.

금산호(錦珊瑚)

Jatropha berlandieri

❤ 생장기	3~11월	
❤ 휴면기	12~2월	
❤ 개화시기	6~8월	

휴면기에는 구근만 감상하는 것도 재미있다. 같은 종류의 산호유동(珊瑚油桐, Jatropha podagrica)보다 추위에 약하므로 가을에 일찍 물을 끊어서 휴면시킨 후, 5℃ 이상의 환경으로 옮긴다. 생장기에는 물을 충분히 준다.

세설(笹雪)

Agave victoriae-reginae

❤ 생장기	3~10월	
❤ 휴면기	1~2월	
❤ 개화시기	일생에 한번	

페인트칠한 것처럼 흰 라인이 들어간 잎이 아름답다. 50~80년이 지나면 꽃을 피우고 그 생애를 마감한다. 생장이 느리기 때문에 인내심을 갖고 길러야 한다. 밝은 실내에서 관리하고, 흙 표면이 마르고 2~3일 후에 물을 준다.

Mini Green House

미니 온실

추위를 타는 선인장은 미니 온실에

특징 거실에 놓여있는 선인장 중에서, 특히 마음에 드는 선인장이나 추위에 민감한 선인장을 골라 미니 온실 속에 넣고 소중하게 관리해 보자.

POINT 11~3월의 겨울철, 거실에 미니 온실을 놓고 관리한다. 닫아둔 온실 내의 온기가 적정 온도를 유지시켜 주기 때문에, 물은 조금씩 줘도 괜찮다. 이른 봄에 햇볕이 강해져서 기온이 올라가면 미니 온실의 온도가 급격하게 올라간다. 작은 창문이나 뚜껑을 열어서, 온실 내의 온도가 30℃ 이상이 되지 않도록 주의하자.

미니 온실에 어울리는 선인장

포에티다	마운(魔雲)	은배각(銀盃角)
Dorstenia foetida	*Melocactus matanzanus*	*Hoodia bainii*
생장기 5~10월	생장기 5~10월	생장기 4~10월
휴면기 11~3월	휴면기 11~3월	휴면기 11~3월
개화기 6~11월	개화기 사계절 내내	개화기 6~8월

따뜻해지면 별모양의 꽃이 계속 피기 시작한다. 여름 생장형으로 겨울에는 낙엽이 진다. 생장기에는 흙이 마르면 물을 준다. 겨울에는 물을 주지 않고, 구근으로 휴면시킨다. 햇볕을 좋아하지만, 북향 방에서도 잘 견딘다.

생장하면 꽃받침이 나와서 붉은 레게모자 쓴 것 같다. 귀여운 꽃이 피고, 꽃받침에 양초와 같은 열매가 열린다. 따뜻한 지방이 원산지로 추위에 약하다. 겨울에는 5℃ 이상에서 관리하고 물을 주지 않고 휴면시킨다.

단추 모양의 독특한 꽃이 핀다. 식욕억제작용이 있다고 일컬어지며, 아프리가 원주민은 식사를 거른 채 이것을 먹고 수렵을 한다고 전해진다. 추위에 약하므로 겨울에는 5℃ 이상에서 관리하며 물을 주지 않고 휴면시킨다.

Window

창가

✿ **왼쪽부터** : 금학환(金鶴丸, Mammillaria schiedeana), 에케베리아 신데렐라(Echeveria cv.), 에케베리아 서
브세실리스(Echeveria subsessilis), 악옥희(樂屋姬, Epithelantha micromeris var. ungnisina), 흑법사(黑法師,
Aeonium arboreum cv. atropurpureum), 왕관룡(王冠龍, Ferocactus glaucescens)

햇볕 내리쬐는 창가에 태양을 좋아하는 선인장을

특징

태양을 좋아하는 선인장이나 워터 선인장 등 작은 화기에 심은 선인장은 아침 해가 들어오는 창 주변이나 커튼 너머의 창가에 두고 즐긴다. 보통의 관엽식물이라면 말라 죽어버리는 서쪽 해가 닿는 장소에서도 선인장은 살 수 있다. 겨울에는 유리 묘종모자를 씌우면 보온효과를 얻으면서 창가도 멋지게 연출할 수 있다.

POINT

창가는 집안에서 가장 건조한 장소이므로 생장기에는 한 달에 4회, 휴면기에도 한 달에 2회 정도 물을 준다. 아침 해는 괜찮지만, 낮의 직사광선은 피하고 레이스 커튼을 통해 들어오는 햇볕을 쬐이며 관리한다. 또 한여름의 창가는 온도가 갑자기 내려가므로 주의한다. 겨울이 되면 선인장을 유리창에 멀리 두고 지내도록 한다.

겨울에는 방한 대책으로 유리 묘종모자를 씌운다.

창가에 어울리는 선인장

마밀라리아 에르섬

Mammillaria cv. 'Ersum'

생장기	4~10월
휴면기	12~2월
개화기	3~5월

유돌환속(乳突丸屬, Mammillaria)은 어머니라는 의미의 'Mammi'가 어원이다. 상처를 내면 흰 액체가 나온다. 유리 너머의 햇볕을 좋아하고, 오랫동안 어두운 실내에 두면 시들해진다. 물은 흙이 마르고 2~3일 후에 준다.

코노피튬 부르게리

Conophytum burgeri

생장기	9~5월
휴면기	6~8월
개화기	9~11월

메셈(Mesemb)군과 같은 종류로 다육화가 진행된 형태. 몸체의 정수리에서 연보라색 꽃이 핀다. 더위에 약하기 때문에 여름에는 통풍이 잘되는 서늘한 장소에서 관리하고, 물을 주지 말고 휴면시킨다. 추위에는 강하다.

에케베리아 치와와엔시스

Echeveria chihuahuaensis

생장기	9~5월
휴면기	7~8월
개화기	9~11월 · 3~5월

소형이지만 많은 어린 선인장이 돋아나서 크기를 키운다. 뿌리가 썩기 쉽기 때문에 여름에는 주의를 기울여야 한다. 겨울에 5℃ 이상 유지하고, 가볍게 물을 준다. 잎을 살짝 뜯어 용토 위에 옮기는 것만으로 번식이 가능하다.

Balcony

발코니

❖ **안쪽 왼편부터** : 길상천(吉祥天, Agave parryi), 거인단선(巨人團扇, Opuntia grandis), 천수란(千壽蘭, Yucca aloifolia),
테이블 왼쪽부터 : 주중화(酒中花, Sempervivum mettenianum), 조련화(爪蓮華, Orostachys japonicum), 에케베리아
파티드레스(Echeveria cv. 'Party Dress'), 적광(寂光, Conophytum frutescens), 생석화속(生石花屬, Lithops)의 일종,
황화신월(黃花新月, Othonna capensis)

추위를 모르고 무럭무럭 자라는 선인장

특징

발코니 등의 실외 공간에는 특히 내한성이 강한 것, 서리나 눈에 강한 선인장이 적당하다. 밤이슬이나 서리가 닿지 않는 발코니라면 더 많은 선인장을 둬도 좋다. 너무 커버린 기둥 선인장은 고온 온난한 시기에 발코니에서 기른다. 일반적으로 관서지방 서쪽 너머에서 단선속(團扇屬, Opuntia)·기둥선인장류(Cereoideae)·장생초속(長生草屬, Sempervivum)·경천속(景天屬, Sedum)·석연화속(石蓮花屬, Echeveria)·설란속(舌蘭屬, Agave)·메셈군(Mesemb) 등은 실외에서도 겨울을 난다.

POINT

봄에서 가을에 걸친 기간 동안 많은 선인장을 발코니에서 기를 수 있다. 더위에 약한 것은 음지를 만드는 등 서늘한 환경에서 관리한다. 비를 맞는 장소에 둔 선인장은 물을 주지 않아도 좋고, 햇볕이 닿는 곳에 둘 경우 그 선인장의 특성에 맞게 물을 줄 필요가 있다.

발코니에 어울리는 선인장

길상천(吉祥天)

Agave parryi

생장기	3~11월
휴면기	12~2월
개화기	일생에 한번

생장이 느리기 때문에 천천히 기를 수 있다. 관서 지방 서쪽 너머 지방에서는 일년 내내 실외에서 기르는 것이 가능하다. 단, 장마철에는 뿌리가 썩기 쉽고 흰 잎도 더러워지기 때문에 햇볕이 드는 실내로 옮기는 것이 좋다.

적광(寂光)

Conophytum frutescens

생장기	9~5월
휴면기	7~8월
개화기	9~11월

육추화속(肉錐花屬, Conophytum)은 추위에 강하고 실외에서도 일년내내 기를 수 있다. 반대로 한여름 열대야에는 약하므로 껍질을 쓰고 휴면시키며 물을 주지 않는 편이 좋다. 가을이 되면 껍질을 깨고 새로운 얼굴을 내민다.

권견(卷絹)

Sempervivum arachnoideum

생장기	3~11월
휴면기	12~2월
개화기	9~11월

내한성이 뛰어나고 눈속에서도 겨울을 날 수 있다. 여름 무더위에는 약하므로, 서쪽 해를 피하고 서늘한 환경에서 관리한다. 봄에는 덩굴을 뻗어 그 끝에 종자를 붙인다. 꺾꽂이하면 원래 선인장과 같은 어린 선인장이 태어난다.

Kitchen

주방

안쪽 왼편부터 : 불야성(不夜城, Aloe nobilis), 축연금(祝宴錦, Haworthia nitidula f. variegated),
앞쪽의 에그 선인장 : 선녀화립(仙女花笠, Echeveria crenulata) 철화종(綴化種)

실용성을 겸비한 만능 식물, 알로에를 중심으로

특징 상처를 치유해 주고 식용도 가능한 알로에는 주방에 꼭 두고 싶은 식물이다. 요리 중에 화상이나 벤 상처에는 불야성(不夜城, Aloe nobilis)을, 허브 등과 함께 먹을 때에는 알로에 베라(Aloe vera)를 중심으로 멋진 주방을 연출해 보자. 요리에 방해가 되지 않는 작은 선인장을 배치해도 좋다. 에그 선인장은 부엌에 가장 잘 어울린다.

POINT 알로에는 내한(耐寒)·내서(耐暑)·내음성(耐陰性)이 모두 뛰어나다. 직사광선이 닿지 않는 주방에서도 손쉽게 키울 수 있다. 단, 계속 같은 장소에 놓아두면 잎이나 화분에 먼지가 쌓이거나 요리 중에 기름이 튀어 더러워 질 수 있으므로 주의한다. 3개월에 한번은 물로 씻어 더러움을 털어내면서 청결한 상태를 유지시키는 것이 좋다.

주방에 어울리는 선인장

알로에 데코하오르시

Aloe descoingsiiXAloe haworthioides

❥ 생장기	3~11월
❦ 휴면기	12~2월
❀ 개화기	부정기

알로에속(Aloe)과 십이권속(十二券屬, Haworthia)의 교배종. 고사하기 때문에 직사광선에는 닿지 않도록 주의해야 한다. 흙의 표면이 마르면 물을 듬뿍 준다. 초소형으로 5㎝ 길이로 어미포기(親株)가 된다.

을녀심(乙女心)

Sedum pachyphyllum

❥ 생장기	9~6월
❦ 휴면기	8월
❀ 개화기	1~4월

겨울에 잎끝이 분홍빛으로 물들어서 귀엽다. 가끔 태양빛을 받으면 잘 자라지 않는다. 생장기에는 흙의 표면이 마르고 2~3일 후에 물을 준다. 너무 키가 크면 가지치기를 해서 정리한다. 한여름과 한겨울에는 조금 휴면시킨다.

칼란코에 후밀리스

Kalanchoe humilis

❥ 생장기	3~11월
❦ 휴면기	12~2월
❀ 개화기	12~5월

새롭게 발견된 중형의 칼란코에. 잎색과 점무늬가 예쁘고, 가을에는 단풍도 즐길 수 있다. 북향 방이나 창가에서도 잘 자라며 관리하기도 쉽다. 물은 땅의 표면이 마르면 듬뿍 준다. 잎꽂이로 간단히 늘릴 수 있다.

Table Decoration

테이블 장식

○ **왼쪽부터** : 석연화(石蓮花, Echeveria)의 꽃, 세덤 트렐레아세이(Sedum treleasei), 설란(舌蘭, Agave)의 열매

장난기 넘치는 배열로 즐기는 선인장

특징 탁자나 식탁을 꾸미기에는 선인장 꽃이나 희귀한 선인장 열매가 좋다. 선인장 꽃은 물이 없어도 꽃꽂이처럼 즐길 수 있다. 파티 등 특별한 날에 장식효과를 즐기고 싶으면 선인장을 센스 있게 배열해 보자. 손님용 선물로는 초소형 선인장 등이 좋다.

POINT 열매를 먹을 수 있는 것에는 단선속(團扇屬, Opuntia)이나 케레우스속(Cereus), 삼각주(三角柱, Hylocereus guatemalensis) 등이 있다. 꽃을 꺾을 수 있는 것에는 석연화속(石蓮花屬, Echeveria)·가람채속(伽藍菜屬, Kalanchoe)·봉퇴수속(棒槌樹屬, Pachypodium)·풍차초속(風車草屬, Graptopetalum) 등이 있다. 대부분의 선인장은 가지치기를 한 잎이나 모종, 가지를 꺾꽂이 해서 간단히 번식시킬 수 있다.

테이블 장식에 어울리는 선인장

페페로미아 아스페루라

Peperomia asperula

🌱 생장기	4~6월·9~11월
🌱 휴면기	7~8월·12~2월
🌼 개화기	9~11월

소형으로 인공조명뿐인 환경에서도 관리가 가능하다. 꽃에는 허브와 같은 향기가 난다. 흙의 표면이 마르면 물을 듬뿍 준다. 한여름과 한겨울의 휴면기에는 물을 주지 않고 휴면시킨다. 겨울에는 5℃ 이상에서 관리한다.

백성(白星)

Mammillaria plumosa

🌱 생장기	4~10월
🌱 휴면기	12~2월
🌼 개화기	12~3월

미국에서는 다운칵터스(Down Cactus)라고도 불리며, 하얀 털이 인상적이다. 가끔 직사광선을 쬐고 머리의 먼지를 떼어 주도록 한다. 생장기라면 물로 씻어도 무방하다. 물은 흙 표면이 마르고 2~3일 후에 주는 것이 좋다.

금황환(金晃丸)

Eriocactus leninghausii

🌱 생장기	3~11월
🌱 휴면기	12~2월
🌼 개화기	3~5월

매우 튼튼한 선인장. 금색의 가는 가시가 귀엽다. 폭이 5㎝ 이상으로 생장하면, 봄에 노란 큰 원의 꽃을 피운다. 쑥쑥 자라므로 비료는 많이 주고, 물도 듬뿍 준다. 겨울철에는 -5℃에서 견딘다.

괴마옥(怪魔玉)

Euphorbia hybrid

생장기	3~5월 · 9~11월
휴면기	6~8월 · 12~2월
개화시기	3~5월

철갑환(鐵甲丸, Euphorbia bupleurfolia)과 아미산(峨眉山, Mammillaria fasciculata)의 교배종. 한어름과 한겨울의 휴면기에는 잎이 지지만 생장기에 새 잎이 난다. 겨울에는 ±0℃ 이상에서 관리한다.

페페로미아 콜롬멜라

Peperomia columella

생장기	4~6월 · 9~11월
휴면기	12~3월 · 7~8월
개화시기	9~11월

초소형의 민감한 페페로미아 종. 레이스 커튼을 통해 들어오는 헷볕을 좋아한다. 밝은 북향 창가에서도 기를 수 있다. 물은 흙 표면이 마르면 듬뿍 주지만 휴면기에는 주지 않는다. 추위에 약해서 5℃이상에서 겨울을 난다.

사각주(四閣柱)

Cereus neotetragonu

생장기	3~11월
휴면기	12~2월
개화시기	3~8월

튼튼해서 관동지방 서쪽 너머 지방에서는 실외에서 겨울을 나며 -5℃에서도 견딘다. 밤에 꽃을 피우며 크게 생장하므로 큰 화분에서 비료와 물을 많이 준다. 인테리어에는 변종으로 가시가 없는 누덤(nudum)이 안전하다.

○ 단선속(團扇屬, Opuntia)이나 경천속(景天屬, Sedum) 등의 희귀한 선인장 열매를 포도 등의 과일과 함께 바구니에 정렬해서 손님을 맞이해 보자.

월세계(月世界)

Epithelantha micromeris

생장기	3~5월 · 9~11월
휴면기	6~8월 · 12~2월
개화기	3~8월

봄부터 가을에 걸쳐 분홍색 꽃을 피우고, 가을에는 귀여운 새빨간 열매가 얼굴을 내민다. 생장이 느린 소형 선인장이므로 당황하지 말고 천천히 키우는 것이 좋다. 물은 조금만 준다. 겨울에는 ±0℃이상의 환경에서 관리한다.

백성성환(白猩猩丸)

Mammillaria spinosissima cv. 'Pico'

생장기	4~10월
휴면기	12~2월
개화기	12~4월

녹색의 몸체에 난 하얀 가시가 귀엽다. 이른 봄에 피는 붉은 꽃도 아름답다. 유리나 커튼 너머의 태양을 좋아한다. 땅 표면이 마르고 2~3일 후에 물을 준다. 휴면기인 겨울과 조금 쉬는 한여름에는 물주는 것을 중단한다.

계단화(鷄蛋花)

Plumeria acuminata

생장기	6~8월
휴면기	12~2월
개화기	3~8월

일 년에 한번 분갈이를 하고 비료를 주면 향기가 좋은 꽃을 매년 피운다. 햇볕을 확실하게 드는 곳에 두고 기른다. 12월부터 잎이 떨어지고 휴면하기 때문에 봄까지는 물을 주지 않고 5℃ 이상인 환경에서 겨울을 난다.

예쁜 포장지나 케이크 상자에 싼 미니 선인장은 손님용 선물로도 좋다. 선인장이 쓰러지거나 흙이 흘러내리지 않도록 흙을 빈틈없이 채워서 고정시키면, 예쁜 형태가 유지된다.

Desk & Computer

서재

○ **왼쪽부터** : 용신목(龍神木, Myrtillocactus geometrizans), 보초(寶草, Haworthia cymbiformis), 아아상계(阿亞相
界, Pachypodium geayi)

전자파를 흡수하는 고마운 선인장

특징 선인장은 컴퓨터 등에서 나오는 전자파를 흡수해주는 식물이다. 컴퓨터나 책상 주변에 두면 쾌적한 환경에서 일할 수 있다. 녹색 옷을 입은 귀여운 선인장은 눈의 피로도 덜어줄 것이다. 사무실이나 서재에 꼭 놓아보자.

POINT 책상위의 공간을 고려해서 기둥 선인장(Cereus) 등 서 있는 형태의 것이나, 소형 선인장을 선택하면 좋다. 또, 십이권속(十二卷屬, Haworthia) 등 부드러운 질감의 잎이 달린 선인장은 치유 효과도 있다. 책상 주변에는 거의 인공조명뿐이므로 기분전환을 겸해서 반년마다 다른 선인장으로 바꿔보는 것도 좋다.

서재에 어울리는 선인장

상아단선(象牙團扇)

Opuntia microdasys var. albata

생장기	3~11월
휴면기	12~2월
개화기	3~5월

부채선인장류(Opuntioideae)는 가는 가시가 있어서 찔릴 위험이 있는 반면, 상아단선은 가시에 찔리지 않아 안전하다. 소형이지만 가끔씩 가지를 잘라서 형태를 정리한다. 흙 표면이 마르면 듬뿍 물을 준다.

천룡(天龍)

Senecio kleinia

생장기	9~6월
휴면기	7~8월
개화기	3~5월

소시지 모양의 가지 위에 핀 코발트색 잎이 이국적이다. 여름에는 잎이 떨어져서 휴면하고, 가을에 다시 잎이 나면서 생장을 시작한다. 생장기에는 햇볕을 잘 쬐이고, 흙 표면이 마르면 물을 준다. 겨울에는 5℃ 이상에서 관리한다.

용신목(龍神木)

Myrtillocactus geometrizans

생장기	4~10월
휴면기	12~2월
개화기	거대 기둥만 꽃이 핌

중형의 기둥선인장(Cereus). 멕시코의 풍경을 연상시킨다. 음지에 오래 두면 생장점부터 가늘어져서 모양이 망가지므로, 가끔씩 유리 너머의 햇볕을 쬐게 한다. 휴면기에는 물을 주지 않고 5℃ 이상의 환경에서 관리한다.

Little Space

작은 공간

◐ **왼쪽부터** : 응조(鷹爪, Haworthia reinwardtii), 보초(寶草, Haworthia cymbiformis), 구슬얽이(玉綴, Sedum morganianum), **위쪽** : 샴 앵란(-櫻蘭, Hoya kerrii)

인테리어로도 손색없는 작은 선인장을

특징 책장이나 선반 안, 계단이나 바닥 등 작은 공간에서 부담없이 즐길 수 있는 것이 선인장의 매력이다. 잡화감각을 살릴 수 있는 인테리어 소품으로 배치한다. 작은 공간이므로 소형이거나 생장이 느린 타입을 선택한다. 여러가지 화기를 활용하거나 미니 선인장을 수집해서 감각있게 배치해 보자. 선인장의 수만큼이나 즐기는 방법도 많아진다.

POINT 장소에 따라서는 햇볕이 닿지 않는 곳도 있으므로 오랫동안 같은 장소에 두는 것은 피하고, 가끔씩 선인장을 옮겨준다. 방을 꾸미듯이 선인장의 색다른 배치를 즐겨보자. 단, 작은 공간에 놓아두고 물을 주는 것을 잊지 않도록 주의한다.

책꽂이에 어울리는 선인장

백자금호(白刺金號)

Echinocactus grusonii var. albispinus

생장기	3~10월
휴면기	12~2월
개화기	3~5월

원래 종의 노란 가시가 하얗게 변화한 형태. 직경이 50cm가 안 되면 꽃이 피지 않는다. 대형이지만 작은 모종도 귀엽다. 추위에 약하므로 햇볕이 닿는 밝은 실내에서 관리하고, 흙의 표면이 마르고 2~3일 후에 물을 준다.

유포르비아 아에루기노사

Euphorbia aeruginosa

생장기	3~11월
휴면기	12~2월
개화기	3~5월

코발트색의 가지에 노란색 꽃이 돋보인다. 겨울철과 8월에는 잠시 휴면한다. 흙의 표면이 마르면 물을 주는데, 물이 적으면 가지에 주름이 생기므로 물을 여러 번 나눠서 많이 준다. 가끔 가지치기를 해서 모양을 정리한다.

비모란금(緋牡丹錦)

Gymnocalycium mihanovichii var. friedrichii 'Hibotannishiki'

생장기	3~11월
휴면기	12~2월
개화기	3~5월

일본생의 붉은 선인장으로 세계적으로 재배되고 있다. 붉은 선인장은 엽록소가 적으므로 접붙이기로 기른다. 대목(臺木) 삼각주(三角柱, Hylocereus guatemalensis)를 기준으로, 물을 많이 준다. 겨울에는 5℃ 이상에서 관리한다.

계단에 어울리는 선인장

월토이(月兎耳)

Kalanchoe tomentosa

⚘ 생장기	4~10월
⚘ 휴면기	11~3월
⚘ 개화시기	9~11월 · 3~5월

황금월토이(黃金月兎耳, Kalanchoe tomentosa cv. 'Golden Girl'), 복토이(福兎耳, Kalanchoe eriophylla), 흑토이(黑兎耳, Kalanchoe tomentosa f. nigromarginatas). 겨울철에는 최저 5℃를 유지하여 휴면시킨다.

난봉옥(鸞鳳玉)

Astrophytum myriostigma

⚘ 생장기	4~10월
⚘ 휴면기	11~2월
⚘ 개화시기	3~5월

왼쪽부터 난봉옥(鸞鳳玉, Astrophytum myriostigma), 벽유리 난봉옥(碧瑠璃 鸞鳳玉, Astrophytum myriostigma v. nudum). 물은 흙이 마르고 2~3일 후 조금씩 주고 겨울에는 5℃ 이상에서 관리한다.

초연(初戀)

Echeveria cv.

⚘ 생장기	3~11월
⚘ 휴면기	12~2월
⚘ 개화시기	9~5월

단풍이 매력적이다. 겨울철과 8월에 잠시 동면한다. 겨울에 5℃ 이상을 유지하면 생장을 계속하고, 따뜻한 지방에서는 실외에서도 겨울을 날 수 있다. 잎을 따서 용토위에 놓는 것만으로 간단히 어린 선인장을 늘릴 수 있다.

▶ 계단에는 초녹(初綠, Agave attenuata) 등의 가시가 없는 선인장을 배치하자.

선반에 어울리는 선인장

페세우도리토스 스파에리쿰

Pseudolithos sphaericum

❦ 생장기	5~10월
❦ 휴면기	11~3월
❦ 개화기	6~8월

독특한 껍질색과 질감이 유니크하다. 부드러운 햇볕 아래에서 관리하지만, 북향 방에서도 견딘다. 물은 흙의 표면이 마르고 2~3일 후에 준다. 겨울철에는 가능한 한 따뜻하게 하고, 물을 주지 말고 봄을 기다린다.

홍채각(紅彩角)

Euphorbia enopla

❦ 생장기	4~10월
❦ 휴면기	12~2월
❦ 개화기	3~5월

작으면서도 멕시코를 연상시키는 귀여운 모습이지만 남아프리카산. 가지를 뻗어서 커지기 때문에 적절하게 가지치기를 해서 모양을 정리한다. 흙의 표면이 마르면 물을 주고, 햇볕 아래에서 관리한다.

우석(雩石)

Haworthia obtusa

❦ 생장기	3~10월
❦ 휴면기	12~2월
❦ 개화기	부정기

잎끝이 반투명한 렌즈처럼 역광이 투사되어 보인다. 겨울철과 한여름에도 잠시 휴면한다. 기본적으로는 밝은 장소를 좋아하지만, 인공 조명 아래에서도 적응한다. 습기를 좋아하므로 물은 부지런히 준다.

◎ 작은 선인장을 마음에 드는 잡화와 배치하여 독특한 형태를 즐겨보자.

Bathroom

욕실

◐ **왼쪽부터** : 운카리나(Uncarina hybrid, 샴푸 나무), 조가비 선인장

물을 좋아하는 잎이 달린 선인장으로 시원하게

특징 욕실은 선인장을 놓기에 적합하지 않은 장소라고 생각하기 쉽지만, 습기에 강한 선인장도 많이 있다. 인공조명만 받으면 살 수 있는 선인장도 있으므로, 창이 없는 욕실에서도 괜찮다. 욕실에 습기에 강하고 내음성(耐陰性)이 있는 십이권속(十二卷屬, Haworthia), 가스테리아속(Gasteria), 그리고 샴푸의 나무라고 불리는 운카리나(Uncarina sp.) 등을 꼭 배치해보자. 특히 조가비 선인장은 욕실이나 세면대를 청결한 느낌으로 꾸며준다. 가시가 있는 것은 피하고, 부드러운 잎이 있는 선인장으로 고른다.

POINT 물을 비교적 좋아하는 선인장들에게는 1주일에 1번씩 모아서 샤워기로 물을 뿌려준다. 가지나 잎에 붙은 먼지나 더러움이 떨어지고 반짝반짝 빛난다. 욕실뿐만 아니라 다른 공간에 놓인 선인장도 이 방법으로 가끔씩 깨끗하게 해준다.

욕실에 어울리는 선인장

백설희(白雪姬)

Tradescantia sillamontana

생장기	4~10월
휴면기	11~2월
개화기	6~8월

겨울에 잎이 떨어지지만, 봄에는 다시 새싹이 돋는다. 겨울에 피는 보라색 작은 꽃이 산뜻하다. 인공조명 아래서도 생육한다. 습기를 좋아하므로, 흙의 표면이 마르면 물을 듬뿍 준다. 가지가 길게 자라므로 걸어둬도 좋다.

사위(絲葦)

Rhipsalis cassutha

a생장기	3~11월
휴면기	1~2월
개화기	부정기

작은 꽃이 피고, 자가수분(自家受粉)으로 귀여운 하얀 열매를 맺는다. 한겨울에 ±0℃ 이하의 환경만 아니면 일년 내내 건강하게 생장한다. 물을 아주 좋아하므로 물이끼를 심는 등 항상 뿌리가 마르지 않도록 관리한다.

스타펠리안투스 필로서스

Stapelianthus pilosus

생장기	5~9월
휴면기	11~3월
개화기	6~8월

몸체에 난 다육질의 솜털이 신기하다. 습기를 좋아하므로 생장기에는 물을 듬뿍 준다. 저온에서 물을 주는 것은 뿌리를 썩게 하는 원인이 되므로 휴면기에는 물을 주지 않는다. 직사광선을 피하고 부드러운 광선 밑에서 관리한다.

Bedroom

침실

○ 안쪽부터 : 후엽천세란(厚葉千歲蘭, Sansevieria trifasciata), 산호유동(珊瑚油桐, Jatropha podagrica), 통천세란(
筒千歲蘭, Sansevieria stuckyi)

기분 좋은 잠을 재촉하는 치유 선인장을

특징 대부분의 식물은 일반적으로 밤에는 호흡만 하고, 이산화탄소를 배출한다. 반대로 밤에 산소를 뿜어내는 것이 선인장 등의 'CAM식물'으로 사람이 취침하는 시간에 마이너스 이온을 방출한다. 침실에 CAM식물을 두면, 안면(安眠)효과로 심신이 치유된다. 침실은 비교적 어둡기 쉬우므로 내음성(耐陰性)이 있는 것을 선택한다.

POINT 침실은 따뜻하기 때문에 추위에 민감한 선인장과 어울린다. 날씨가 좋은 날은 햇볕을 쐬어주고 가끔씩 창문을 열어 바람이 통하게 해준다.

침실에 어울리는 선인장

플렉트란서스 앰보이니커스

Plectranthus amboinicus f. var.

생장기	3~10월
휴면기	12~2월
개화기	3~8월

부드러운 잎을 만지면 좋은 향기가 감돈다. 강건종이지만 어두운 곳에 방치하면 꽃이 잘 붙지 않는다. 꽃을 즐길 경우에는 햇볕에 가끔씩 쐬면 좋다. 흙의 표면이 마르면 물을 주고 5℃ 이상에서 관리한다.

백성룡(白星龍)

Gasteria verrucosa

생장기	3~11월
휴면기	12~2월
개화기	부정기

한겨울에 ±0℃ 이하에 환경에만 두지 않으면, 일년내내 건강하게 생장한다. 인공조명 밑에서도 잘 자란다. 생장기에는 부지런히 물을 준다. 하얀 뿌리는 굵고 길게 자라므로 바닥이 깊은 화분에 심으면 좋다.

샴 앵란(櫻蘭)

Hoya kerrii

생장기	5~9월
휴면기	10~4월
개화기	7~8월

동남아시아 원산. 열대우림의 식물이므로 추위에 약하다. 겨울에는 최저 10℃ 이상은 유지해야하며 물은 주지 않는다. 생장기에는 물을 많이 주고, 용토는 미트모스(peat moss) 등 보수력이 있는 것으로 깔아두는 것이 좋다.

선인장 중에는 먹을 수 있거나 술의 원료가 되는 것들이 있다.

일본에서도 과일 가게 등에서 볼 수 있는 드래곤 후르츠는 선인장과 양천척속(量天尺屬, Hylocereus)의 '피타야'라고 불리는 식물의 과일로, 산뜻한 맛이 난다. 비타민이나 미네랄을 풍부히 함유하고 있기 때문에 미용 과일로 인기가 많다. 부채선인장이나 기둥선인장 등의 열매도 유럽이나 남미에서는 흔한 과일이다. 그리고 다육식물인 알로에는 잘 알려져 있듯이 요구르트나 젤리 등의 디저트에 자주 이용된다.

선인장 왕국 멕시코에서는 기둥 선인장이 '야채'로 팔리고 있다. 개량한 기둥선인장은 가시가 없어서 쉽게 요리할 수 있다. 데치거나 볶아서 조리하지만 독특한 촉감은 샐러드나 스테이크에도 잘 어울린다. 영양가도 높고, 멕시코에서는 당뇨병을 치료하는 민간요법으로 사용되는 등 건강식품으로도 주목받고 있다. 또 멕시코를 상징하는 술인 데킬라나 풀케(pulque)는 선인장의 일종인 설란속(舌蘭屬, Agave)의 '용설란(龍舌蘭, Agave americana)'이라는 식물이 원료다. 켈리포니아 등지에서는 데킬라를 기본원료로 한 솔티독(Salty dog)풍의 칵테일이 자주 나온다. 매우 맛있는 술이다.

---

recipe

노파리토스(Nopalitoz) 샐러드

■ Salad
노파리토스(Nopalitoz, 부채선인장을 초절임한 것) …… 200g
토마토 …… 2~3개 깍뚝썰기
양파 …… 1/2개 잘게 썰기
피망 또는 파프리카 …… 1개
페타치즈(Fetta Cheese) ……50g
코리엔더(Coriander) …… 적당량
고추 …… 좋아하는 만큼

■ Dressing
레몬즙 …… 1스푼
레드와인비네거(식초) …… 1스푼
올리브유 …… 1스푼
소금 · 후추 …… 적당량

부채선인장 오믈렛

■ Omelet
노파레(부채선인장의 어린 싹) …… 1컵
계란 …… 4개

양파 …… 작은 것 1개
토마토 …… 작은 것 1개
코리엔더(Coriander) …… 적당량
칠리 페페 …… 아주 조금
마늘 …… 1쪽

데킬라 칵테일

■ Tequila Salty Dog
데킬라 …… 45ml
포도주스 …… 적당량
소금 …… 아주 조금

COLUMN

선 인 장 으 로 파 티 요 리 를

ORIGINAL RECIPE
VERACRUZ
NOPALITOS
TENDER CACTUS
NET WT. 800gm

① 믹스 용토 — 선인장 전용흙. 적옥토 · 천사(川沙) · 부엽토 · 질석(蛭石)을 섞어서 사용한다.

② 적옥토 — 보수성이 좋으며 중간 입자의 적옥토는 화분 밑에 까는 용도로 쓰인다.

③ 천사(川沙) — 통기성 · 배수성이 좋다. 영양분은 포함되어 있지 않다.

④ 부엽토 — 낙엽을 장기간에 걸쳐 썩힌 것으로 보수성이 뛰어나다.

⑤ 질석(蛭石) — 암석을 가공한 것으로 무균 상태이다. 통기성 · 보수성을 높였다.

⑥ 화성비료 — 식물에 필요한 영양분을 화학적으로 합성하여, 균형 있게 조합한 형태이다.

⑦ 유기비료 — 천연 원료로 만든 비료. 화학적으로 합성된 것도 있다.

용토

3~4종류의 흙을 준비하면 서로 부족한 요소를 보충하기 때문에 편리하다. 사진에 있는 것 외에 왕겨를 태운 훈탄(燻炭)을 넣으면 더 좋은 용토가 될 수 있다. 뿌리가 썩는 것을 방지하기 위해서는 규산백토(珪酸白土)나 소탄(消炭) 등을 필요에 따라 준비한다.

비료

화성비료 · 유기비료와 함께 천천히 효과가 나타나는 지효성 비료가 선인장에 적합하다. 성장이 빠른 것에는 생장기에만 비료를 추가로 주도록 한다. 이때 규정된 배수보다도 더욱 연한 액체비료를 주는 것이 좋다.

COLUMN

선인장 정원 용품 [용토와 비료]

용토나 비료는 선인장의 양분과 침대와 같다고 할 수 있다.
선인장이 잘 자랄 수 있도록 쾌적한 환경을 만들어 주자.

PART3
SABOTEN
BASIC

선인장 기본상식

씨뿌리기부터 관리법까지 —

씨앗부터 길러볼까요?

수 밀리미터의 너무 귀여운 초소형 선인장,

어린 선인장이 펼치는 아주 작은 세계 —

어린 선인장을 보고 '귀여워! 선인장은 씨앗부터 기르는 거야?' 하고 놀라는 사람이 많다. 선인장에는 꽃이 핀다. 꽃이 피기 때문에 열매를 맺는다. 당연히 열매 안에는 씨앗이 들어 있다. 그 씨앗으로부터 어린 선인장이 태어나는 것이다. 씨앗부터 기르는 것을 실생(實生)이라 고 한다. 선인장의 실생은 그다지 많이 알려져 있지 않다. 실생은 아주 작지만 또렷하게 선인장의 형태를 하고 있다. 또한 씨앗부터 길러온 선인장은 환경에 적응도 잘하고, 쑥쑥 자란다. 신선하고 좋은 씨앗을 구해서 선인장을 실생해보도록 하자.

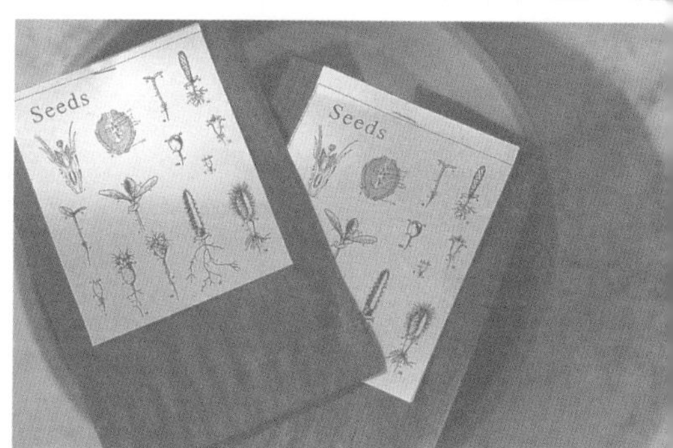

HOW TO

1··· 선인장은 세균에 약하므로 씨 뿌릴 용토는 질석(蛭石)과 같은 무균의 것이나 살균한 것을 사용한다. 작은 돌 등으로 화분의 구멍을 막고,
　　용토를 넣어서 씨 뿌릴 묘판을 만든다.

2··· 씨뿌리기는 4∼10월이 적합하다. 적당한 간격으로 씨를 뿌린다. 꽃이나 풀 등의 실생과는 다르게 씨를 뿌린 후에는 흙을 덮을 필요가 없다.

3··· 밝은 실내에서 직사광선을 피해서 관리하면 뿌리가 난다. 반투명 비닐 등을 화분 위에 덮어서 씨 주변이 항상 젖어 있도록 한다.

4··· 씨 뿌린 뒤와 뿌리가 난 후 1년 동안 절대로 뿌리가 마르지 않도록 한다. 받침에 항상 물이 담겨 있도록 하면 좋다.

선인장과 즐겁게 지내는 비결

험한 자연환경에서 온 선인장 –

성질을 알면 더 사이좋게 지낼 수 있다.

선인장은 추위에 약하고 물을 너무 많이 주면 말라버리는, 키우기 까다로운 식물로 알려져 있다. 그러나 사실 선인장은 우리들이 사는 환경에 기대 이상으로 잘 적응하고, 쑥쑥 자란다. 선인장의 원산지는 북위 50도에서 남위 50도 사이의 전 세계에 분포되어 있고, 선인장은 건조지대나 열대지방, 고원지대 등 지구상의 온갖 환경 아래에서 살아가고 있다. 그 종류는 약 15,000종으로, 성질이나 형태도 다양하다. 우선 당신이 사는 방의 환경을 고려해서 그 환경에 잘 적응할 수 있는 선인장을 골라보자. 선인장의 프로필, 원산지나 각각의 특징을 아는 것이 그 선택과 관리의 핵심이다. 또 선인장은 온난한 환경을 좋아하는 여름형과 추운 계절에 자라는 겨울형으로 나눠서, 각각 생장기나 휴면기가 다르다. 여름형은 겨울철, 겨울형은 여름철에 물을 줄이거나 아예 주지 않는 상태에서 휴면 시킨다. 선인장은 본래 적응력이 뛰어난 것이 특징이지만 조금만 더 신경쓰면 선인장은 더 잘자란다.

○ **왼쪽부터** : 화염단선(火炎團扇, Opuntia rufida), 브론즈희메(Graptopetalum hybrid), 알로에 하이브리드(Aloe hybrid), 알로에 라우이(Aloe rauhii)

○ 희춘성(姬春星, Mammillaria humboldtii var. caespitosa)의 접붙이기

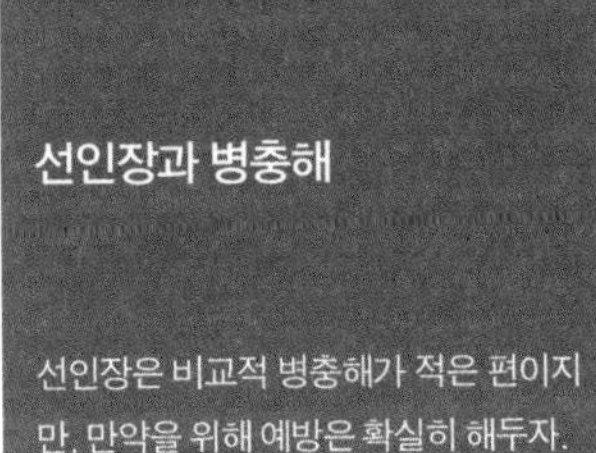

선인장과 병충해

선인장은 비교적 병충해가 적은 편이지만, 만약을 위해 예방은 확실히 해두자.

병

선인장은 저온다습한 환경에서 쉽게 뿌리가 썩는 경향이 있는데, 물을 제한적으로 공급하면 예방할 수 있다. 뿌가 썩을 경우, 뿌리나 가지의 검게 변색된 부분을 자른다. 자른 부분을 충분히 말린 후에 옮겨 심고, 새로운 뿌리가 나는 것을 기다린다. 그 밖에 실생 묘목이 사상균 등의 세균에 감염되는 경우도 있다. 생육 환경을 청결히 유지하고 살균제를 살포하여 예방한다.

해충

1. 패각충
선인장에 붙기 쉬운 해충이다. 흰 조개와 비슷하게 생겼으므로 발견하면 못 쓰는 칫솔 등으로 떨어뜨린다. 가시 사이 등에 해충이 발생한 경우, 스프라사이드(Spracide)를 2,000배 희석시킨 액체로 살충한다.

2. 선충
1~2mm정도의 흰 타원형의 유충이 잎자루나 가지 뒤, 뿌리 주변에 붙는다. 성충이 되면 하얀 선을 분비하고 알을 낳는다. 시판 중인 살충제로 죽일 수 있지만 그것을 사용하고 싶지 않은 경우에는 소독용 알코올을 붓끝에 묻혀서 직접 벌레에 발라 살충한다.

3. 붉은 진드기
잎이나 선인장의 껍질, 생장점 주위가 갈색으로 변색된다. 진드기 전용 살충제를 이용할 수 있지만, 평소에 청결하게 관리하면 진드기가 잘 붙지 않는다.

4. 기타
실외에서 기르는 선인장에는 진딧물이나 모충, 개미, 단자충 등이 붙기도 한다. 손을 쓸 수가 없는 경우에는 선인장 전문점 등에 문의해 보자.

spring

❍ 자우어니기(Turbinicarpus jauemigii)의 꽃

봄은 옮겨심기나 씨뿌리기, 접붙이기에 가장 좋은 계절이다. 5월이 되면 겨울철에 잎이 떨어진 여름형 선인장에 잎이나 가지가 나기 시작하고 대부분의 선인장들이 건강하게 생장을 시작한다. 그 중 뿌리가 썩은 것은 겨울에 관리가 소홀했던 탓이다. 옮겨심기를 하면서 뿌리를 살펴보도록 하자. 뿌리가 썩어 있는 경우 검게 변색된 부분을 잘라 버리고, 1~2주 정도 자른 면을 말린 후에 심는다. 심은 후 10일째 정도부터 조금씩 물을 준다. 심은 선인장을 조금 움직여 보고 뿌리가 뻗어 있는 것 같으면 평소처럼 물을 주기 시작한다.

선인장은 더운 계절을 좋아한다고 생각하는 사람이 의외로 많지만, 고온다습한 일본의 여름은 많은 선인장들이 괴로워하는 계절이다. 특히 비가 많은 장마철에는 관리에 주의를 기울여야 한다. 통풍에 신경을 쓰고 너무 습해지는 것을 방지하기 위해 물의 양을 조금 줄여보자. 한여름에는 태양의 위치가 높아지기 때문에 실내 깊숙한 곳까지 볕이 들어오지 않으므로 참고하자. 발코니에 내놓으면 강한 햇볕에 탈 말라버릴 수 있으므로 주의한다. 또한 겨울형 선인장에는 열대야가 가장 악영향을 미친디. 가능하먼 서늘한 환경에 두고, 물을 제한적으로 공급한다. 냉방장치가 있는 공간에서도 잘 자란다.

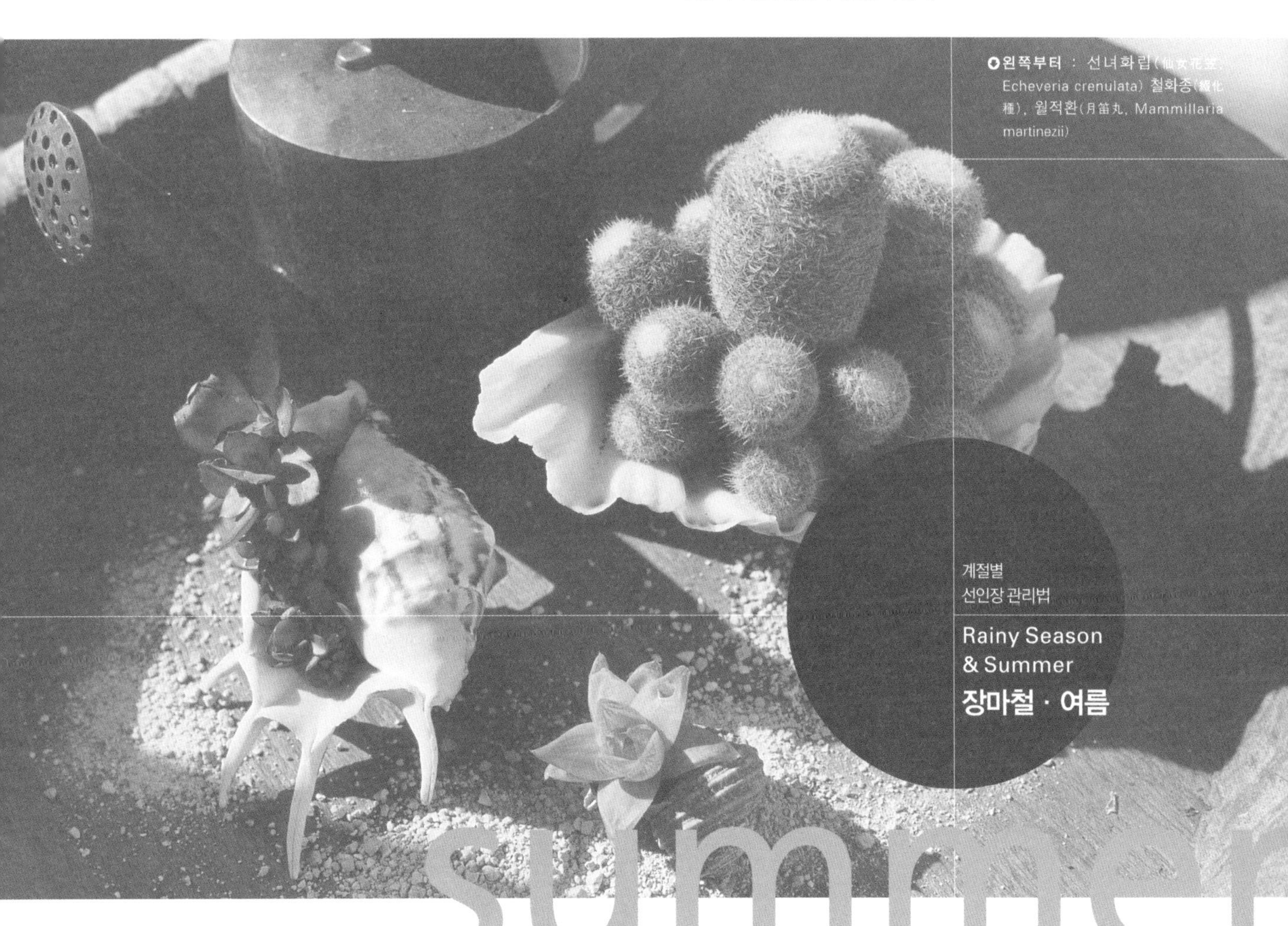

PART 3

SABOTEN BASIC

계절별
선인장 관리법

Autumn
가을

◑ 거인단선(巨人團扇, Opuntia grandis)

여름에 약한 선인장들도 선선한 바람이 불어오는 가을이 되면 건강을 되찾고 꽃가지가 나기도 한다. 이 시기에는 메셈(Mesemb)류의 개화나 석연화속(石蓮花屬, Echeveria)·가람채속(伽藍菜屬, Kalanchoe)·청쇄룡속(靑鎖龍屬, Crassula) 등의 아름다운 단풍도 볼 수 있다. 연화장속(蓮花掌屬, Aeonium)·장생초속(長生草屬, Sempervivum)·메셈(Mesemb)류 등은 가을에 옮겨 심거나 번식시키기 좋다. 봄에 미처 옮겨 심지 못한 다른 선인장들도 이 시기에 빨리 옮겨 심는다. 햇볕이 거실 안쪽까지 들어오기 때문에 자유자재로 선인장 배치를 바꾸어 즐길 수 있다. 기온이 떨어질수록 선인장의 생장도 느려진다. 서서히 월동 준비를 하자.

단풍이 든 선인장은 겨울에 가장 많이 감상할 수 있다. 겨울에는 유돌환속(乳突丸屬, Mammillaria)·가람채속(伽藍菜屬, Kalanchoe)·석연화속(石蓮花屬, Echeveria)·선녀배속(仙女杯屬, Dudleya) 등 많은 선인장이 꽃을 피운다. 가을에 자른 꽃이나 가지는 물이 없는 꽃병에 넣어 둔 채로 겨울에도 계속 즐길 수 있다. 여름형 선인장이나 추위에 민감한 선인장들은 기온이 떨어지면 휴면기에 들어가기 때문에 물을 주지 않고 겨울을 난다. 단, 난방시설이 갖춰진 실내에서 기를 경우에는 봄에 기르던 방식을 유지하면 된다. 씨뿌리기나 접붙이기, 잎꽂이 등도 가능하기 때문에 따뜻한 실내에서 기르기 좋다.

INDEX

본 책에 게재된 선인장 · 다육식물을 속별로 분류하고 각각의 종명과 한국어명, 게재 페이지를 표시했다.